AF363691

SUR LES PLISSEMENTS SILURIENS

DANS LA

RÉGION DU COTENTIN

PAR

L. LECORNU

Ingénieur des Mines,
Maître de conférences à la Faculté des Sciences de Caen.

L'ordre de succession des couches siluriennes et dévoniennes en Normandie a été, dès 1861, clairement établi par Dalimier, et vérifié depuis lors à maintes reprises. On peut le résumer, dans ses termes principaux, au moyen de la coupe suivante :

Légende générale

Dévonien inférieur.   Schistes pourprés

Silurien supérieur.   Poudingue et marbre associé.

Grès de May.   Phyllades

Schistes d'Angers.   Granite

Grès armoricain.

Dévonien inférieur (d').

Silurien
  Schistes ampéliteux (s^4).
  Grès de May (s^3).
  Schistes ardoisiers (étage d'Angers) (s^2).
  Minerai de fer.
  Grès armoricain (s^1).
  Schistes verts ou rouges et grès pourprés (s^b).
  Poudingue pourpré avec marbre associé (s^a).
Phyllades de Saint-Lo (X).

Il va sans dire que cette coupe constitue une sorte de type idéal, ne se réalisant nulle part d'une manière bien complète. Dans certaines régions, on constate des lacunes plus ou moins importantes ; parfois les variations de faciès sont telles qu'il devient très difficile, en l'absence de fossiles, d'assigner le niveau exact de l'affleurement en présence duquel on se trouve. Dalimier lui-même s'est trompé plus d'une fois dans l'application, confondant par exemple les schistes verts, supérieurs au poudingue, avec les phyllades inférieurs, ou bien encore le grès de May avec le grès armoricain. C'est par de patientes études de détail que l'on est parvenu, peu à peu, à corriger les erreurs d'attribution, à préciser les limites de séparation, à changer enfin les probabilités en certitude. Dès à présent, on peut dire que cette besogne est fort avancée et que la physionomie du pays, telle que la représente la carte géologique, est suffisamment ressemblante. S'il reste des trouvailles à espérer, c'est plutôt au point de vue de la paléontologie pure : soit que l'on parvienne enfin à mettre la main sur quelque représentant de la faune première, soit que l'on découvre dans le dévonien des niveau plus élevés que celui de Néhou.

Cependant quelque chose manque encore, semble-t-il, à notre connaissance complète du silurien normand. L'analyse est terminée, ou peu s'en faut ; il reste à entreprendre la synthèse. Il faut, s'il est possible, à travers les accidents de détail, tâcher de rétablir la continuité des plis, deviner l'allure des parties cachées, distinguer les diverses influences qui ont modifié, à chaque époque, soit la position des couches déjà formées, soit les conditions de la sédimentation, remonter enfin aux causes mécaniques des phénomènes. Je viens exposer ici quelques idées encore incomplètes concernant ce difficile sujet sans prétendre les imposer en aucune façon, ni même oser dire qu'il ne m'arrivera pas tôt ou tard de les modifier.

La région dont il va être spécialement question dans ce travail est limitée au Nord et à l'Ouest par les côtes du Calvados et de la Manche ; au Sud par la chaîne granitique qui règne, d'une manière presque continue, de la pointe de Carolles aux environs d'Argentan ; à l'Est, par le cours de la Dives. Elle correspond, sur la carte d'État-Major, aux feuilles de Falaise, Coutances, Caen, Saint-Lo, Barneville, Cherbourg, les Pieux. Le terrain silurien s'y trouve en partie recouvert par des formations plus récentes, qui le dérobent à la vue, et laissent par conséquent le champ libre à l'hypothèse.

Dans le Calvados, le dévonien est absent et l'on peut distinguer trois massifs siluriens allongés parallèlement à une même direction N.O.-S.E. Ce sont, du Nord au Sud, les massifs de May, de la Brèche au Diable et de Falaise.

Le *massif de May* s'étend, à peu de distance au Sud de Caen, sur une longueur visible de douze kilomètres environ ; la vallée de l'Orne le traverse dans toute sa largeur, qui est de 4 kilomètres. Il comprend la série à peu près complète, depuis le poudingue pourpré jusqu'aux schistes ampéliteux avec calcaire à *Cardiola interrupta*. Le poudingue pourpré repose en complète discordance sur les phyllades très redressés : cette discordance est du reste la règle générale dans la contrée qui nous occupe. En 1887 (*Bulletin de la Société linnéenne de Normandie*) j'ai tâché de faire voir que la stratigraphie du massif de May est bien plus simple qu'on ne l'avait cru jusqu'alors, et que la forme générale est celle d'un pli isoclinal ayant pour axe le silurien supérieur. (Fig. 1).

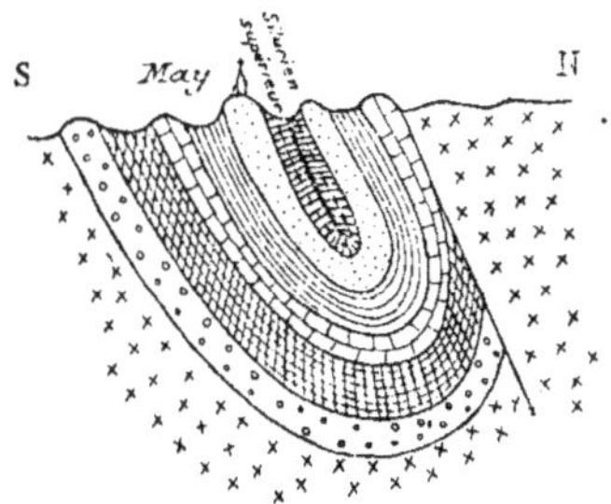

S'il en est ainsi, les affleurements qui tous plongent vers le Nord doivent, de part et d'autre des schistes ampéliteux, se reproduire symétriquement en sens inverse : c'est en effet ce qui a lieu, au moins d'une manière approximative. Tout récemment, cette théorie a reçu une confirmation importante. En effet, la couche de minerai de fer, qui n'était connue que dans la partie non renversée du massif, a été retrouvée, sous le jurassique, dans la partie renversée, précisément à la place que la coupe permettait de prévoir : sa puissance en ce point semble, d'après les travaux déjà faits, en vue de l'obtention d'une concession, s'élever au chiffre de 2ᵐ50. Sa direction moyenne est voisine de celle (N. 120° E.) qu'on observe dans le grès de May, mais l'allure est troublée par des déviations locales, qui paraissent même compliquées de cassures. Ce n'est pas là du reste, le seul accroc à la régularité du plissement, et les poudingues et marbres inférieurs, bien développés à Laize et Vieux, dans le flanc sud, n'existent pas dans le flanc nord : la base du silurien semble donc avoir disparu au Nord, par l'effet d'une faille longitudinale. Mais ces perturbations n'enlèvent pas à l'ensemble de la coupe le caractère isoclinal. Si l'on parcourt le massif dans le sens de sa longueur, on constate que, vers l'Est, il se perd assez vite sous le terrain jurassique tandis que vers l'Ouest en atteignant la vallée de l'Odon, il se trouve interrompu brusquement par une cassure accompagnée de ploiements, bizarres des couches. A mon avis, on touche ici le fond du pli qui vient affleurer par suite d'une légère inclinaison de la charnière et la cassure montre que le mouvement de refoulement a été poussé trop loin pour respecter la continuité des couches.

Le *massif de la Brèche au Diable* (Fig. 2) est traversé par la vallée de la Laize qui en fournit une très bonne coupe sous forme d'un pli synclinal. Le silurien supérieur n'est pas visible ; mais peut être existe-t-il, caché par les alluvions de la vallée. Les autres étages présentent des affleurements bien développés. En particulier le minerai de fer apparaît une première fois dans le flanc Nord, à Urville, où existait jadis une concession et où l'on fait des recherches actives en vue de l'obtention d'une concession nouvelle : il apparaît une seconde fois dans le flanc Sud, non loin du Mesnil-Aumont, où il a été exploité dans les siècles précédents. Ces gisements de la vallée de la Laize pourront être exploités avec

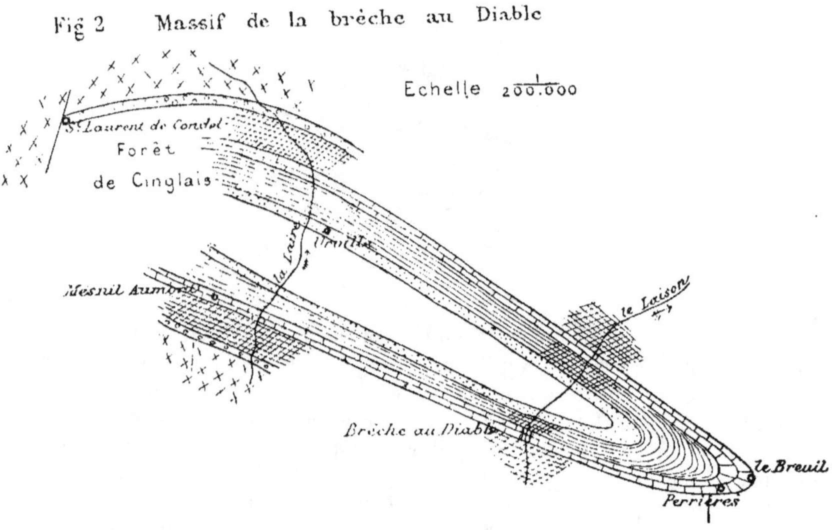

profit, le jour où l'on disposera de moyens de transport convenables. Une autre coupe, moins complète, est donnée par la vallée du Laizon, où le grès armoricain constitue les roches de la Brèche au Diable, visitées chaque année par de nombreux touristes. En 1890 (*Bulletin de la Société linnéenne*) j'ai montré que ces deux coupes, partiellement décrites par divers géologues, se rattachent facilement l'une à l'autre et appartiennent au même massif silurien. Ce massif est en grande partie caché sous le manteau jurassique ; pourtant les crêtes gréseuses qui surgissent de loin en loin dans la plaine permettent de se rendre compte de son allure et de reconnaître que, dans la direction de l'Est, il se termine en pointe vers le village de Perrières. Dans les importantes carrières de grès armoricain exploitées au Breuil, près de Perrières, on voit la direction des couches devenir subitement perpendiculaire à la direction générale du massif, marquant ainsi, de la façon la plus nette, la jonction entre les deux lignes d'affleurement du grès armoricain. Du côté de l'Ouest, le massif de la Brèche au Diable va se perdre sous le diluvium de la forêt de Cinglais. Toutefois, on constate que le poudingue pourpré du flanc Nord s'infléchit progressivement et passe de la direction N.O-S.E. à la direction N.E.-SO, dessinant ainsi un commencement de fermeture de la cuvette synclinale. Cette ligne de poudingue s'arrête brusquement près de Saint-Laurent de Condel, par l'effet d'une faille transversale qui doit tronquer tout le massif : en arrivant à la vallée de l'Orne, on ne voit plus que des phyllades verticaux. Il n'est pas impossible que les massifs de May et de la Brèche au Diable, dont les axes présentent un écart de 7 kilomètres seulement, soient les deux tronçons d'un massif primitivement continu, mais, pour l'instant je n'ose rien affirmer à cet égard.

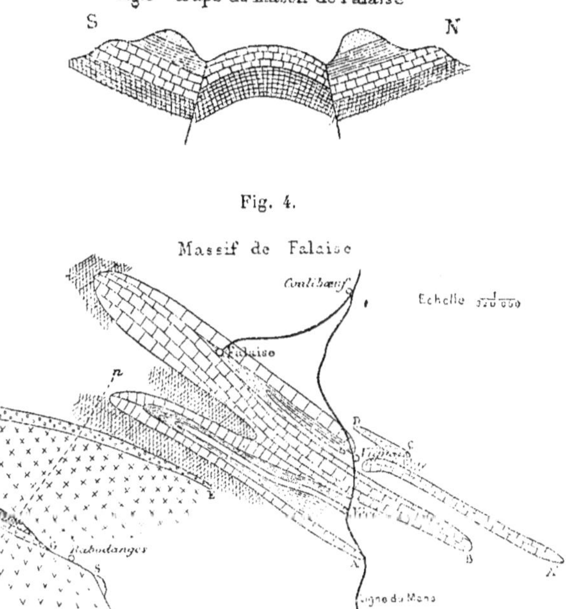

Le massif de Falaise présente une structure plus compliquée. On savait, depuis Dalimier, qu'à Falaise même existe un pli synclinal, rendu évident par l'intercalation de schistes à Calymènes entre deux effleurements de grès armoricain ; mais ceci ne suffisait pas pour expliquer la présence simultanée d'un grand nombre de chaînes gréseuses à peu près parallèles, plongeant les unes au Nord, les autres au Sud, et faisant saillie au milieu de la plaine jurassique. En 1891 (*Bulletin de la Société linnéenne*) j'ai annoncé l'existence de deux plis synclinaux, séparés par un anticlinal de grès armoricain. Chaque synclinal est occupé par les schistes à Calymènes avec un affleurement central de grès de May. En outre l'axe de chaque synclinal semble marqué par une faille longi-tudinale, ce qui conduit à la coupe donnée par la Fig. 3. En plan (Fig. 4) les lignes d'affleurement ont une allure assez régulière ; cependant la vallée transversale dans laquelle passe la ligne de Mézidon au Mans est due à une cassure qui se traduit également par quelques déviations des couches au voisinage de Vignats. Le massif de Falaise a une tendance marquée à se terminer en pointe, vers le Sud-Est, comme celui de la Brèche au Diable ; mais à cause de l'anticlinal qui sépare les deux synclinaux, le grès armoricain présente trois pointes distinctes A, B, A'. Il est bordé extérieurement par deux chaînes de poudingue pourpre CD, EF (dont la première presque entièrement cachée sous le jurassique) et ces deux chaînes convergent également vers le Sud-Est. Une autre chaîne de poudingue pourpré GH, parallèle à EF et séparée de celle-ci par une zone de phyllades, apparaît au Sud, à 6 kilomètres de distance au contact immédiat du massif granitique de Vire. Ce poudingue plonge au Nord, et il est recouvert par des marbres gris siliceux accompagnés de schistes plus ou moins pourprés. Sa présence en cet endroit ne peut s'expliquer que par une faille longitudinale (Fig. 5), indiquée déjà par M. Bigot (1). On peut du reste

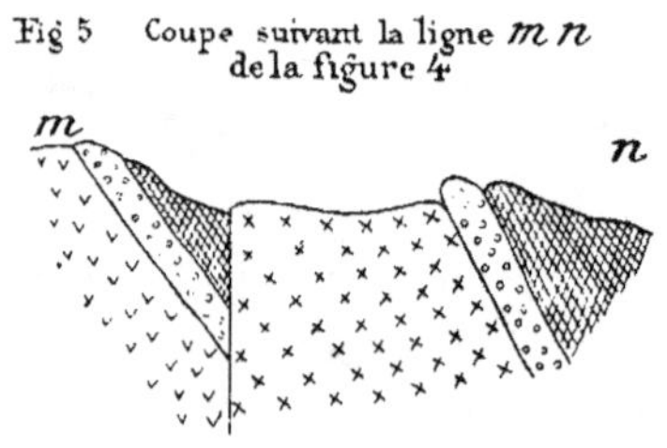

remarquer qu'au delà du poudingue la bordure granitique, exactement rectiligne et parallèle à la direction des plissements siluriens, semble dessiner le prolongement de la même faille. Au point S, voisin de Rabodanges, cette faille change brusquement de direction et relève en même temps un autre lambeau de poudingue pourpré.

D'autres failles terminent, vers le Nord, le massif silurien de Falaise : car, au sortir de cette ville, on trouve le grès armoricain en contact direct avec les phyllades, sans interruption de poudingue. Mais, si nous suivons la limite méridionale du massif, les choses se passent d'une manière toute différente. La ligne de poudingue EF (Fig. 6) se détachant en quelque sorte du massif, poursuit sa route à travers le département du Calvados. sort de la feuille de Falaise pour pénétrer sur celle de Coutances, puis abandonnant la direction N.O-S.E, s'infléchit peu à peu vers le Sud-Ouest en décrivant une vaste courbe MN (Fig. 7), qui l'amène, près de Villedieu, au contact de la chaîne granitique de Vire. De là, elle se replie deux fois en zigzag suivant les lignes MP, PQ, et

(1) *L'archéen et le cambrien dans le Nord du massif breton* par M. Bigot, Cherbourg, 1890.

aboutit en Q à la faille occupée par le calcaire carbonifère de Coutances. Dans ce parcours long et sinueux, le poudingue pourpré offre un affleurement presque continu : tout au plus y observe-t-on quelques petits décrochements transversaux. Nous tenons donc là un fil conducteur, qui nous permet de suivre les plis avec certitude depuis Falaise jusqu'à Coutances.

Fig 6   Carte de la zone bocaine

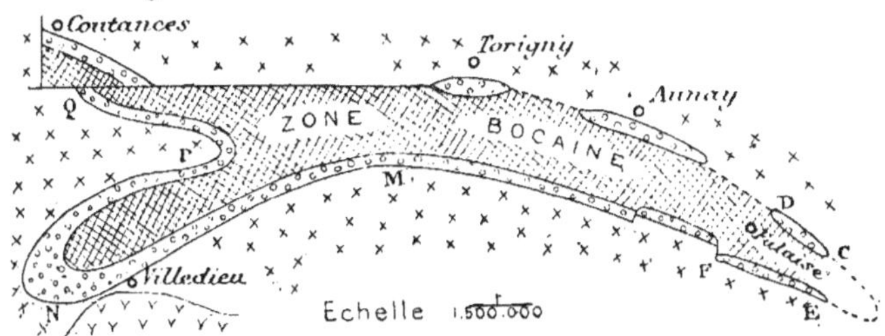

Revenons à la bordure septentrionale du massif de Falaise. Nous trouvons là comme il a été dit plus haut, un affleurement CD de poudingue pourpré à peine visible sous le jurassique, et coupé par une faille au voisinage de Falaise. Si nous continuons vers l'Ouest, nous ne tardons pas à retrouver un nouvel affleurement de poudingue, dirigé N. 115° E., qui, avec quelques décrochements, se continue jusqu'à Aunay. De là, un saut de 15 kilomètres nous fait atteindre, à Torigny, une petite chaîne curviligne formée du même poudingue. Enfin, près de Coutances, un dernier affleurement s'appuie d'une part sur la faille limite du carbonifère, d'autre part sur une faille N. S. qui le fait buter contre les phyllades. En somme, la bordure septentrionale se poursuit de Falaise à Coutances, mais avec des interruptions beaucoup plus marquées que dans la bordure méridionale. Il semble que le poudingue du Nord ait éprouvé, dans le sens de sa direction, des efforts de traction qui n'existent pas au même degré pour le poudingue du Sud. Prenez un assemblage de lames métalliques superposées, un ressort de wagon, par exemple, et courbez le progressivement : les lames extérieures finiront par se briser en fragments tandis que les autres resteront encore d'une seule pièce. Il a dû se passer entre Falaise et Coutances, quelque chose d'ananalogue.

La double bordure de poudingue que nous venons d'étudier entoure une vaste région silurienne, bien définie, qui appartient en grande partie au Bocage Normand, et à laquelle nous donnerons, pour abréger, le nom de *zone bocaine*. Examinons, à l'intérieur de cette zone. l'allure du grès armoricain. La pointe extrème, du côté de l'Est, est occupée par le massif de Falaise, déjà décrit. Si de là nous avançons vers l'Ouest, nous observons au passage un petit pointement granulitique qui jalonne le prolongement de l'anticlinal central, puis nous traversons une bande de phyllades correspondant à la lacune déjà constatée dans la bordure septentrionale. Un peu plus loin nous atteignons la vallée de l'Orne, dans laquelle se trouve la mine de fer de Saint-Rémy. La coupe de cette mine est intéressante, et il est utile de la reproduire ici (Fig. 7).

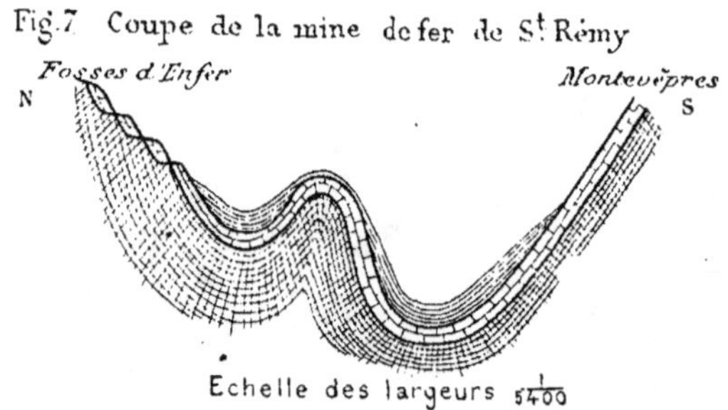

On voit que la couche de minerai de fer dessine dans son ensemble un synclinal, mais qu'un relèvement central a divisé celui-ci en deux bassins, séparés par un anticlinal : c'est exactement la disposition que nous avons déjà admise pour la coupe du massif de Falaise. Il est donc naturel de supposer que nous retrouvons à Saint-Rémy le prolongement des plis observés dans ce massif. Ajoutons qu'à Saint-Rémy les plis sont affectés d'un *ennoyage* plongeant vers l'Ouest : entre Saint-Rémy et Falaise, la zone bocaine a donc subi un bombement transversal, et c'est ce bombement qui a permis aux phyllades de venir prendre un instant la place des affleurements siluriens.

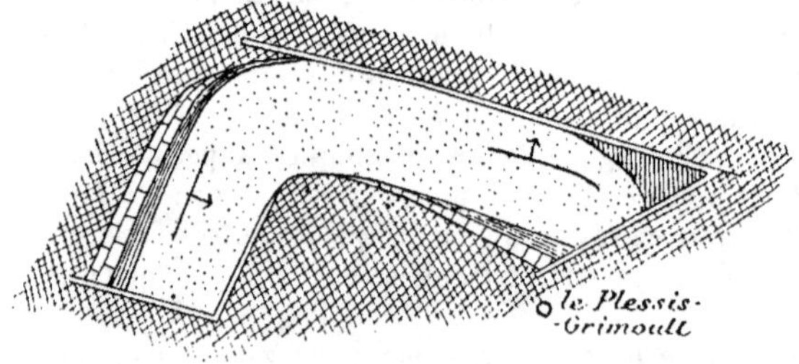

Ces travaux de la mine de Saint-Remy, qui sont poussés avec activité (80000 tonnes extraites en 1892), et qui présentent maintenant plusieurs kilomètres de galeries, permettent de constater avec précision l'existence d'un triple système de failles, les unes longitudinales, c'est-à-dire à peu près parallèles à l'axe de la zone ; les autres transversales, et dirigées soit N 30° E., soit N 20° O. Les failles longitudinales doivent provenir du mouvement général de refoulement ; les fail-

les transversales semblent, conformément aux idées de M. Daubrée, avoir pris
naissance dans les efforts de torsion qui ont accompagné ce refoulement. Un
réseau de failles orienté de la même manière a déchiqueté le terrain silurien,
dans cette région, en lambeaux discontinus, séparés par des cassures en éche-
lons, comme j'ai tâché de le montrer sur la feuille de Falaise. Le phénomène
detorsion est manifeste à la butte du Montpinçon, point culminant du Calvados
(365 mètres), où l'on voit le grès de May passer brusquement dans un espace de
deux kilomètres de la direction N.-S. avec plongement E. à la direction E.-O.
avec plongement Nord (Fig. 8).

A partir de Saint-Rémy, en marchant toujours vers l'Ouest, le grès armoricain se divise en deux branches qui divergent fortement et qui pincent entre
elles une bande étroite de phyllades, jalonnant la continuation de l'anticlinal de
Falaise. La branche nord est celle qui se suit le mieux, elle traverse le bois de
Culey, forme le soubassement du Montpinçon, puis, par les hauteurs de la Fer-
rière du Val, se prolonge jusqu'à Jurques, où elle se termine brusquement. Au
Montpinçon le grès armoricain supporte le grès de May avec interposition d'une
couche de minerai de fer. Le grès de May est lui-même recouvert, au village de
la Seynière, par un mince affleurement de schistes ampéliteux. A Jurques on
retrouve également le minerai de fer et la faune de May. Des recherches récemment effectuées sur le minerai ont mis à jour des schistes ardoisiers, de couleur
foncée, jadis invisibles, qui représentent peut-être l'étage d'Angers.

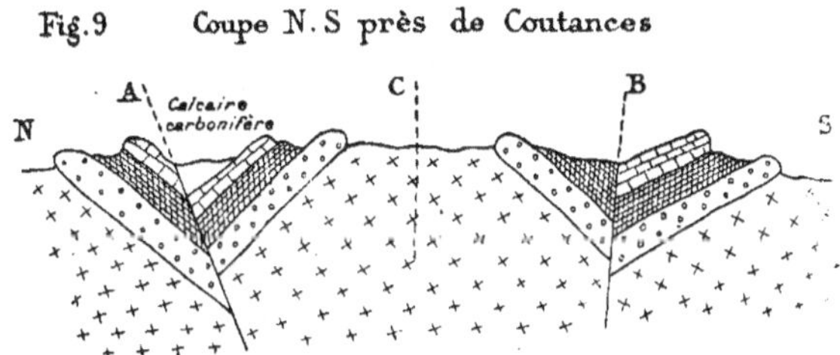

Enfin, quand on approche du méridien de Coutances, la coupe Nord-Sud de la
zone bocaine présente l'allure indiquée par la fig. 9. Dans cette coupe,
nous retrouvons encore les deux plis synclinaux A et B, séparés par le synclinal
C. En résumé, d'un bout à l'autre de la zone bocaine, on suit assez bien, malgré
de nombreux accidents transversaux, la continuité des mêmes plissements. On
observe en même temps que la zone s'étale fortement en avançant vers l'Ouest :
sa largeur, qui est seulement de 6 kilomètres sous le méridien de Falaise, atteint
24 kilomètres sous celui de Coutances.

Voici encore une remarque digne d'attention. Depuis Falaise jusqu'à Jurques,
les ridements se groupent nettement autour d'une ligne dirigée N. 115° E. et passant par les faîtes de Jurques, Montpinçon, Saint-Clair de la Pommeraye. Si
l'on prolonge cette ligne au-delà de Falaise, on constate qu'elle va passer, près

du Merlerault, en un point où existe un bombement accentué des terrains se-
condaires et c'est pourquoi j'ai proposé en 1888 de lui appliquer le nom d'*axe du
Merlerault* créé par Deslongchamps pour le bombement dont il s'agit. Il est clair
que le ridement silurien a servi ici de charnière pour les mouvements postérieurs
du sol. Plus loin encore, cette même ligne sert de partage des eaux, rejetant d'un
côté les eaux de la Rille, de l'Iton, de l'Eure, de l'Avre, etc., de l'autre celles
de la Sarthe, de l'Huisne, du Loir. L'axe du Merlerault ne disparaît définitive-
ment que sous les plateaux de la Beauce (1). La direction N 115°. E. ou une direction voisine se retrouve d'ailleurs, avec la même évidence, dans les massifs de
la Brèche au Diable et de May. Au contraire, dès qu'on dépasse Jurques en se di-
rigeant vers le département de la Manche, la zone bocaine perd en quelque sorte
sa rigidité : elle s'infléchit progressivement vers le Sud-Ouest, de manière à se
rabattre du côté de la Bretagne. Nous tâcherons bientôt d'expliquer ce curieux
phénomène.

Pour continuer notre rapide description, nous allons maintenant marcher
vers le Nord, à partir de Coutances, en suivant le littoral ouest du département
de la Manche. Entre Coutances et Lessay, nous rencontrons d'abord, au milieu
des phyllades, un massif syénitique allongé dans la direction du N. E. au S.O.,
c'est-à-dire dans le même sens que l'axe moyen de la zone bocaine après sa dé-
viation. Un peu plus loin, vers Périers et Lessay, apparaît une région singuliè-
rement embrouillée. Là, plus de direction dominante : les chaînons de poudingue, de grès feldspathique, de grès quartzeux s'entrecroisent dans tous les sens.
La même apparence de désordre se poursuit jusqu'à Saint-Sauveur-le-Vicomte
et au-delà, avec cette complication nouvelle que des bandes dévoniennes, très
tourmentées, viennent s'intercaler au milieu des récits siluriens, puis bientôt le
dévonien inférieur reste seul visible.

Si pourtant on regarde les choses de plus près, on ne tarde pas à distinguer
au milieu de ce chaos, une certaine régularité. Saint-Sauveur-le-Vicomte, avec
son silurien supérieur, occupe l'axe d'un plissement synclinal, de part et d'autre
duquel les affleurements siluriens s'étagent dans l'ordre voulu par leurs âges
relatifs. Au sud de Saint-Sauveur le Vicomte, on rencontre successivement les
grès à Orthis du mont Etenclin, les grès quartzeux azoïques de Lithaire, les schistes verts et les grès feldspathiques de Vesly et de Lessay. Au nord de la même
ville, on trouve les grès à Orthis de Rauville, les grès à faune d'Angers des
Moitiers d'Allonne : puis bien plus loin, par delà le grand affleurement dévonien,
on atteint les grès feldspathiques et les grès quartzeux azoïques de Bricquebec et
Quettetot, suivis des poudingues de Saint-Germain-le-Gaillard et de Couville.

(1). Quand j'ai publié pour la première fois, dans le *Bulletin de la Société linnéenne de
Normandie*, ces remarques concernant l'axe du Merlerault, M. Dollfus n'avait pas encore produit ses belles recherches sur les ondulations des couches tertiaires dans le bassin de Paris
(*Bulletin des services de la Carte géologique, juillet 1890*). J'ai eu grand plaisir à voir confirmer,
relativement aux couches crétacées et tertiaires, le rôle important de l'axe du Merlerault.
Après avoir lu le travail de M. Dolfuss, je n'hésite pas à considérer l'axe de Senonches comme
ayant également son amorce dans le terrain silurien, soit à May, soit à la Brèche au Diable,
ou plutôt dans l'anticlinal qui sépare ces deux synclinaux.

Les caprices de direction de tous ces récifs paraissent dûs à l'existence d'une courbure très prononcée des affleurements, accompagnée naturellement de la

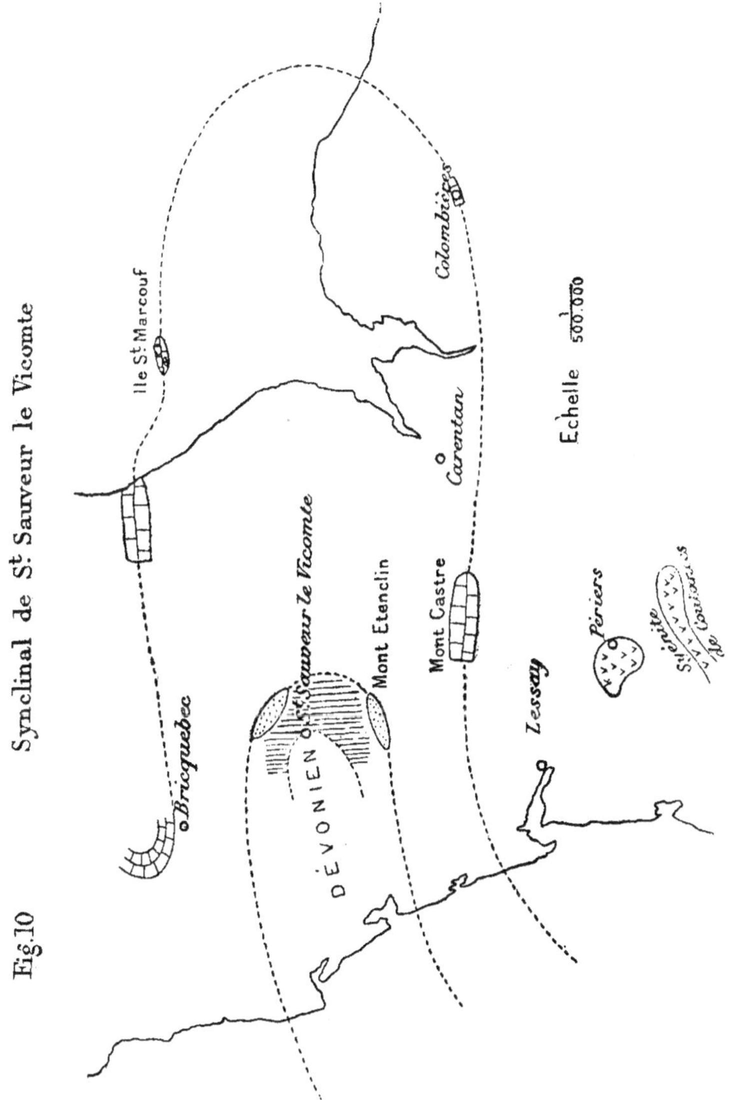

production de nombreuses cassures. Joignons à cela un démantèlement général par le fait d'érosions exceptionnellement puissantes, et nous aurons expliqué suffisamment l'existence de cette sorte d'archipel silurien qui donne à la feuille de Saint-Lô une physionomie toute particulière. Il convient d'ajouter que les ilots siluriens semblent souvent nager au milieu d'une mer dévonienne, ce qui indique qu'une partie au moins des efforts orogéniques date de la fin de l'époque silurienne.

Parmi les formations qui nous occupent, celle qui a dû le mieux résister aux érosions est le grès armoricain, généralement très quartzeux. Il y a donc des chances d'en retrouver quelques témoins alors même que les autres affleurements ont été totalement détruits. C'est bien en effet ce qui a lieu. Les collines de Lithaire présentent une direction voisine de l'E.-O. avec plongement vers le Nord, et s'interrompent brusquement à l'Est ; mais, à 30 kilomètres de là, sur leur prolongement, après avoir traversé les marais du Cotentin, on rencontre à Colombière (Calvados), sous les alluvions triasiques, un petit pointement formé d'un grès identique, avec même direction E-O et même plongement vers le Nord. Vieillard, dans son *Etude sur le terrain houiller de la Basse Normandie*, n'avait pas manqué d'en conclure à la probabilité d'une chaîne armoricaine plus ou moins continue reliant en profondeur ces deux affleurements et pouvant par suite diviser en deux parties distinctes le bassin houiller du Cotentin ; je partage entièrement cette opinion. Une autre chaîne armoricaine, à peu près parallèle à celle-là, est marquée par une série d'ilots, avec plongement et direction variables, qu'on rencontre disséminés au milieu des terrains permo-triasiques, entre Bricquebec et Quinéville. Pour relier ces deux chaînes nous avons, en mer, les îles de Marcouf, situées un peu au Sud du prolongement de la chaîne septentrionale et formées d'un grès à tigillites dirigé N.E-S.O, avec plongement vers le Nord. On peut donc admettre que la ceinture armoricaine du synclinal de Saint-Sauveur-le-Vicomte dessine une ligne assez flexueuse comme l'indique la fig. 10. L'axe moyen de ce plissement serait dirigé sensiblement de l'Est à l'Ouest (1).

Transportons-nous enfin à l'extrémité septentrionale du département de la Manche, entre Bricquebec et la pointe de la Hague : l'allure des plissements se trouve encore une fois modifiée. Tandis que dans la zône bocaine ils présentent presque partout une direction bien nette, tandis qu'autour de Saint-Sauveur-le-Vicomte ils sont orientés d'une manière très confuse, ici ils semblent sollicités à la fois par deux directions distinctes, perpendiculaires entre elles. L'une de ces directions, dessinée par l'allongement de la presqu'île de la Hague et plus loin par l'île d'Aurigny, reproduit la direction N. 115° E. que nous avons vue si clairement empreinte dans le Calvados mais que nous n'avons pas encore retrouvée dans le département de la Manche. L'autre direction, devenue la plus importante, est celle du N. E ou S.-O, jalonnée par la grande coupure transversale qui réunit Cherbourg aux Picux. En se reportant à la fig. 13. on voit une longue bande de poudingue pourpré dirigée N. 45° E. s'avancer en forme de promontoire aigu

(1) Le synclinal de Saint-Sauveur-le-Vicomte semble avoir préparé, dès l'époque primaire, la formation du golfe de Cotentin. si remarquable par les dépôts houillers qui le bordent et par les petits dépôts crétacés et tertiaires qu'il renferme.

entre Bricquebec et les Pieux et jouer en quelque sorte le rôle d'un axe de symétrie pour l'ensemble du silurien. Au contact immédiat du promontoire se trouvent écrasés de part et d'autre deux petits bassins de silurien moyen A et B. A plus grande distance, le vaste synclinal de Saint-Sauveur-le-Vicomte a pour symétrique le synclinal de la Hague, dont le flanc Nord affecte seul la direction N. 115° E., tandis que le flanc Sud épouse la direction N. E.-S. O. Le poudingue se retrouve en dehors de ces plis, qu'il entoure d'une ceinture presque continue, depuis la pointe de la Hague jusqu'aux environs de Valognes, en passant près de Cherbourg. On serait tenté de rattacher à cette ceinture les arkoses de la Pernelle, qui reposent en discordance sur les phyllades, dans le voisinage de Saint-Vaast la Hougue, et telle était du reste l'opinion de Dalimier : dans sa *Stratigraphie des terrains primaires du Cotentin*, il insistait beaucoup sur l'analogie minéralogique des roches de la Pernelle avec celles de la Hague. A la vérité, de Caumont avait, trente ans auparavant, rapporté la Pernelle au trias, et Dufrénoy, dans la carte géologique de France, avait indiqué au même endroit du miocène.

L'opinion admise par de Caumont a été reprise récemment par M. Bigot. Il est incontestable, en effet, que l'arkose de la Pernelle renferme des galets de grès postérieur au poudingue pourpré ; mais d'autre part, il existe non loin de là des poudingues franchement siluriens, et je crois pouvoir en conclure que le remaniement, auquel l'arkose doit sans doute sa formation s'est effectué à peu près sur place, aux dépens du poudingue pourpré préexistant (1).

Dans le diagramme (Fig. 14) qui doit être rapproché de la carte (Fig. 13), j'ai tâché de mettre en évidence l'allure sinueuse des plis de cette remarquable région.

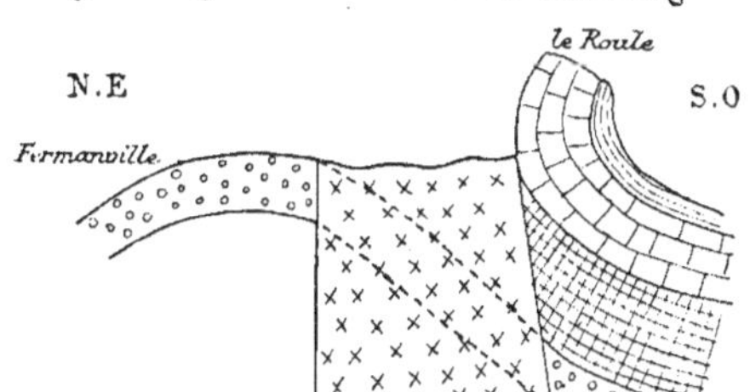

Fig. 11 Coupe N.E S.O à l'Est de Cherbourg

Tout autour de Cherbourg, les efforts mécaniques ont atteint une intensité particulière. Le grès du Roule est à la fois renversé sur le silurien moyen, et séparé du poudingue de Fermanville par une bande de phyllades relevée entre deux failles (Fig. 11). De même, la coupure, déjà mentionnée, qui s'étend de

---

(1) On serait donc ici en présence de l'un de ces phénomènes de charriage et de broyage, avec *réarrangement,* dont M. Marcel Bertrand (*Revue générale des Sciences, décembre 1892*), vient de signaler pour l'Ecosse de si curieux exemples.

Cherbourg aux Pieux, est formée d'une bande de phyllades comprise entre deux failles, N. E.-S. O. (Fig. 12). Des failles de même direction ont produit dans les grès de la Hague, dirigés comme nous l'avons dit N. O.-S. E., de nombreux décrochements transversaux.

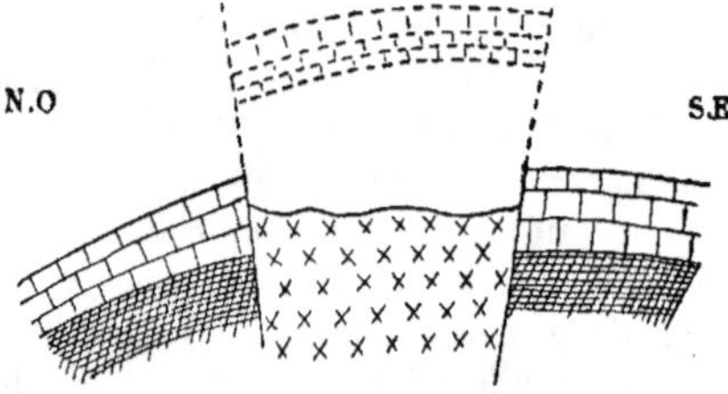

Fig 12 Coupe N.O-S.E entre Cherbourg et les Pieux

La distribution des roches éruptives est subordonnée à celle des plissements que nous venons de décrire. D'une manière générale, ces roches apparaissent

Fig 13 Esquisse géologique de la partie Nord du Département de la Manche

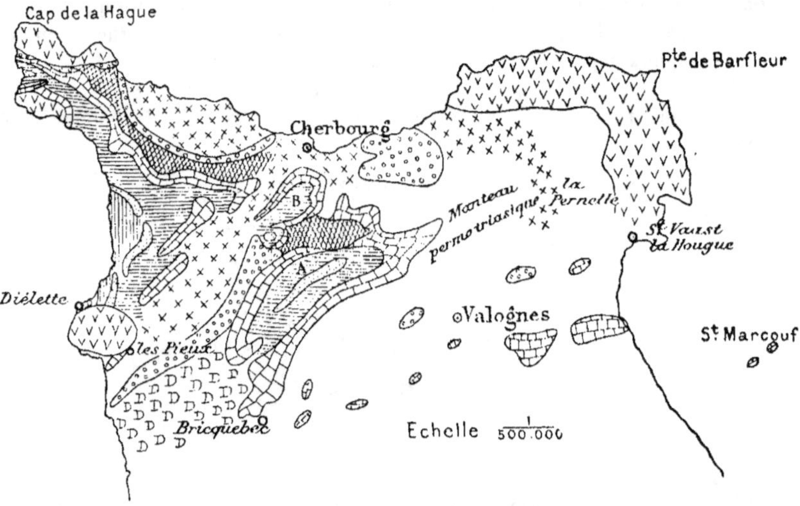

dans l'axe des grands anticlinaux. Nous avons d'abord le granite de Vire, qui jalonne au milieu des phyllades une ligne de démarcation E. O. entre la zone bocaine et le silurien de la partie méridionale de la Manche. Puis, en avançant vers le Nord, nous rencontrons la syénite de Coutances, qui perce également au milieu des phyllades, sous forme d'une bande N. E.-S. O. entre la zone bocaine et le synclinal de Saint-Sauveur-le-Vicomte. Entre celui-ci et le synclinal de la

Hague, ou, tout au moins, très près de la ligne de séparation de ces deux synclinaux, apparaît de même le massif granitique de Flamanville. Enfin, le granite
amphibolique forme, entre la Hague et Barfleur, une ligne continue qui borde,
vers le Nord, la région présentement étudiée comme le granite de Vire la borde
vers le Sud ; mais ici la bordure, au lieu de se montrer rectiligne, décrit une

Fig 14   Diagramme géologique de la partie Nord du Département de la Manche

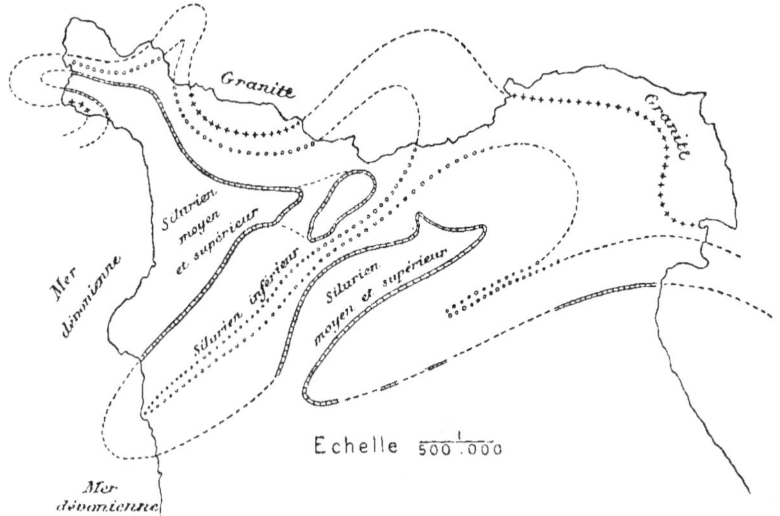

courbe prononcée, tout autour de l'anticlinal de Couville. Chacun des massifs
que nous venons de mentionner est accompagné d'un cortège d'autres roches
éruptives, en pointements ou en filons. Le massif de Vire est associé à des gra-
nulites, à des diabases, à des filons de quartz blanc. La syénite de Coutances a
principalement dans son entourage des filons de quartz noir. Le granite rose
de Flamanville est traversé par de nombreux filons de microgranulite, abon-
dante également dans les schistes de la même région. Enfin, dans la Hague, on
voit reparaître les diabases de Vire, conjointement avec des microgranulites.

Le massif granitique de Flamanville mérite une mention particulière. Sa forme
arrondie contraste avec la disposition en longues bandes affectée de préférence
par les autres granites de Basse-Normandie. En y regardant de plus près, on
s'aperçoit en outre que, tandis que les bandes granitiques correspondent, comme
nous l'avons dit, aux grands anticlinaux, le massif de Flamanville a fait sa trouée
sans modifier grandement la stratigraphie des roches encaissantes. C'est ainsi
que le grès armoricain dessine une chaîne N. E.-S. O. coupée par le granite en
deux parties distinctes qui sont demeurées en prolongement l'une de l'autre.

Ce granite est certainement postdévonien, car il métamorphise à Diélette les couches dévoniennes fossilifères. Sa disposition en bosse le rapproche des massifs du Cornwall ; malheureusement il n'a pas été accompagné des mêmes émanations métallifères. D'après M. Marcel Bertrand (1) le mode de gisement « en bosses » semble spécial aux granites contemporains de la formation de la chaîne.

Du côté de la mer, le granite de Flamanville est entouré par une ceinture de schistes et de quartzites sombres extrêmement durs, injectés de granite et renfermant quelques enclaves de cipolin. C'est au milieu de ces schistes et quartzites qu'apparaissent auprès du port de Diélette plusieurs bandes de minerai de fer, tantôt oligiste, tantôt oxydulé magnétique, dirigées en moyenne du N. E. au S. O. Leurs affleurements plongent généralement vers le N. O. sous un angle de 70 à 75°. Aux basses mers d'équinoxe, on peut compter cinq ou six bandes de ce genre ; l'une d'elles se suit, parallèlement à la côte, sur 4 kilomètres de longueur. Ces bandes ont une tendance marquée à converger vers le N. E. et l'on voit même, près de l'une des jetées du port, deux bandes se réunir en dessinant un V très-aigu. La société exploitante a creusé en plein granite, au promontoire de la Cabotière, un puits de cent mètres à partir duquel une galerie de travers banc s'avance sous la mer jusqu'à 250 mètres de distance. Cette galerie a recoupé successivement 6 bandes, dont la plus importante, appelée quatrième couche, présente une puissance totale de onze mètres, y compris, au milieu, une partie plus pauvre, de deux à trois mètres d'épaisseur. La 4ᵉ couche a été surtout exploitée au Sud du travers banc : de ce côté, on l'a vue s'aplatir progressivement de manière à prendre momentanément la forme d'une selle avec plan tangent horizontal. Plus loin, au Sud, elle paraît plonger de nouveau en s'enfonçant de toutes parts au-dessous du niveau d'exploitation.

Quel est l'âge de ces couches à minerai de fer ? A première vue, elles paraissent se relier aux couches dévoniennes qui affleurent au Nord de Diélette. Mais, d'autre part, la présence des bandes ferrugineuses, qui ne se retrouvent pas dans le dévonien et qu'il serait peut-être audacieux d'attribuer à un simple phénomène de métamorphisme, rend l'assimilation au dévonien fort incertaine. On s'expliquerait mieux la présence du minerai magnétique en considérant qu'on est là en présence d'une formation plus ancienne que toutes celles du Cotentin, ramenée du fond par l'éruption granitique. La question reste en suspens.

Il serait bien intéressant de pouvoir suivre en mer la continuation des divers plissements ; mais, à cet égard, on en est réduit à des hypothèses plus ou moins fondées. On peut admettre avec une certaine vraisemblance que l'anticlinal de Flamanville et du cap Rozel se dirige vers l'île de Jersey, où l'on retrouve un granite très-analogue à celui de Flamanville. Il y aurait là une sorte d'éperon, divisant le silurien et même le dévonien en deux golfes bien distincts. Le golfe septentrional, dont nous n'aurions que le fond dans la Hague, serait bordé vers le Nord par une chaîne de granite amphibolique et de micaschiste, dont Guer-

____

(1). *Bulletin de la Société géologique de France*, Séance du 28 mars 1888.

nesey et Serk seraient les cimes visibles. Le golfe méridional s'avancerait jusqu'à Saint-Sauveur-le-Vicomte, et serait bordé au Sud par la syénite de Coutances et le granite des îles Chausey. Quant à la zone bocaine, son prolongement occidental doit être plutôt recherché en Bretagne.

Il est à remarquer, que sur la côte ouest de la Manche, nous retrouvons précisément le même nombre de synclinaux que dans le Calvados : d'abord, au Sud, la zone bocaine, commune aux deux régions ; puis, en allant vers le Nord, les deux bassins de Saint-Sauveur-le-Vicomte et de la Hague, qu'on peut regarder comme correspondant à ceux de la Brèche au Diable et de May. Le flanc Nord

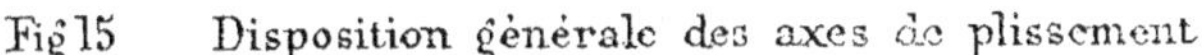

Fig 15   Disposition générale des axes de plissement

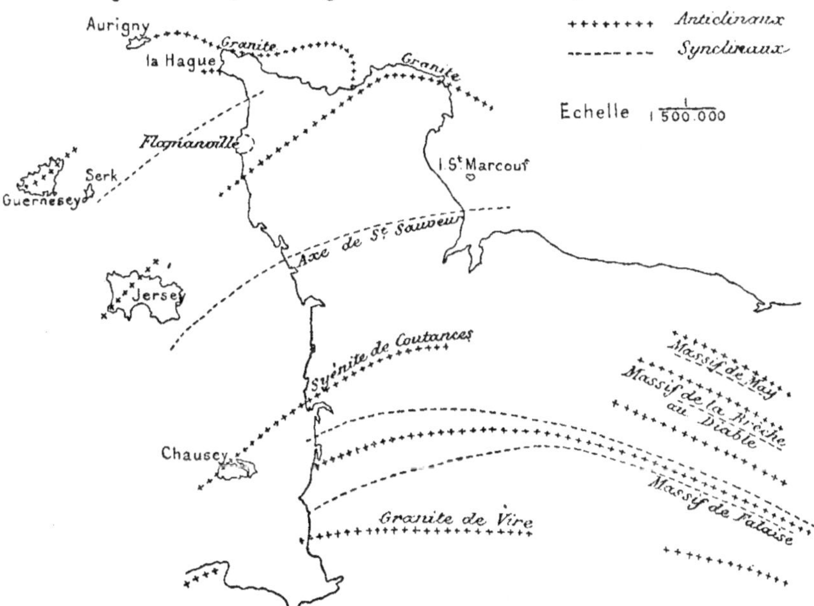

du bassin de la Hague se trouve même à peu près en prolongement de celui du bassin de May ; mais, dans l'intervalle, les plis ont éprouvé de très-fortes déviations, qui empêchent de les suivre avec certitude. Toute la partie qui entoure Saint-Lô doit avoir été soulevée en bloc : car, là où les terrains de transition sont visibles, on n'observe que les phyllades inférieurs. Les limites du soulèvement paraissent formées par deux grandes failles à peu près parallèles dirigées du N. N. O. au S.S.E. et coupant obliquement l'une les bassins du Calvados, l'autre ceux de la Manche.

La fig. 15 montre comment je comprends en somme la disposition générale des principaux plis.

J'arrive maintenant à un essai d'interprétation des faits qui viennent d'être relatés. La première chose qui doit appeler l'attention, c'est la disposition généralement rectiligne et parallèle des ridements entre Caen et Falaise, et le contraste de cette disposition avec le tracé sinueux des crêtes siluriennes dans la partie occidentale du département de la Manche. En même temps on constate que les plis, très serrés dans le Calvados, s'étalent de plus en plus quand on avance vers l'Ouest. Le fait a été mis en évidence par l'étude détaillée de la zone bocaine. Il n'est pas moins frappant si l'on compare les dimensions transversales des bassins de la Brèche au Diable et de May avec celles des bassins de Saint-Sauveur et de la Hague. D'une manière générale, il y a donc convergence des plis dans la direction de l'Est. Rappelons que, pour le Sud de la Bretagne, M. Barrois a mis en évidence une disposition précisément inverse, c'est-à-dire que les plissements bretons vont en convergeant vers l'Ouest. En outre, dans les Côtes-du-Nord, et une partie des départements voisins, on observe cette particularité que les chaînons sont assez capricieusement enchevêtrés, et affectent plusieurs directions distinctes. On peut donc dire qu'il existe une région centrale, comprenant principalement les Côtes-du-Nord, et dans laquelle les faits d'alignement sont peu nets, ou tout au moins assez complexes, et qu'en dehors de cette région les plis ont une tendance marquée à converger vers l'Est pour le Calvados et la Manche, vers l'Ouest pour le Morbihan et le Finistère.

Est-il possible d'expliquer cet ensemble de résultats stratigraphiques au moyen d'une hypothèse simple et vraisemblable? Pour moi, la réponse est affirmative, et l'hypothèse qui s'impose est la suivante. La formation des plis N.O. S.E., due à un effort général de refoulement exercé du S.O. au N.E., a été contrariée, en Bretagne et en Normandie, par la présence d'un noyau résistant, autour duquel les plis se sont déviés à peu près comme on l'observe autour du plateau central. Mais ici, le noyau devait être fortement allongé dans la direction de l'Est à l'Ouest. Sans entreprendre à cet égard des calculs qui manqueraient de données suffisantes, on peut néanmoins se rendre compte de l'allure générale des plissements ainsi déviés. A cet effet considérons un obstacle fixe, réduit à une ligne droite AB, non perpendiculaire à l'effort de refoulement, et admettons comme évidents les trois principes que voici :

1° A une grande distance de l'obstacle, l'effet perturbateur de celui-ci devient graduellement insensible.

2° En avant de l'obstacle, c'est-à-dire du côté faisant face à l'effort de compression, les plis se resserrent, et ont une tendance à épouser la direction de l'obstacle.

3° En arrière de l'obstacle, celui-ci forme écran, et l'action de refoulement ne parvient que fortement atténuée, donnant lieu à des plis moins serrés que partout ailleurs.

Observons en outre qu'en arrière de l'obstacle la zone de protection doit se rétrécir rapidement à mesure qu'on s'éloigne et finalement se réduire à rien ou à peu près : alors il peut y avoir interférence des mouvements de refoulement qui ont débordé l'obstacle par ses deux extrémités et, par suite, production de coudes brusques, passant à de véritables rebroussements.

Partant de là et s'aidant en même temps du sentiment de la continuité, on peut tracer un diagramme des plissements tel que celui qui se voit sur la fig. 16. J'ai réussi à reproduire expérimentalement, d'une manière assez satisfaisante, le phénomène dont il s'agit en plaçant une toile fine et souple sur une feuille de caoutchouc fortement tendue, fixant un élément rectiligne de la toile, puis laissant le caoutchouc revenir doucement à son état naturel : les plis de la toile prenaient dans ces conditions des formes analogues à celles que laisse prévoir le diagramme.

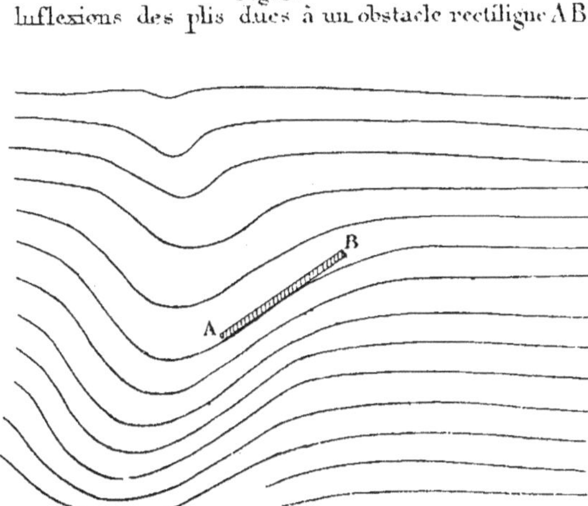

Fig. 16

Ceci posé, il suffit de considérer une partie de la Bretagne septentrionale comme ayant joué le rôle d'un obstacle fixe pour retrouver par la théorie la configuration réelle des plissements. Au Sud de cet obstacle, les plis s'infléchissent en convergeant vers l'Ouest ; au Nord, ils s'infléchissent en convergeant vers l'Est. La zone bocaine, bien abritée par l'obstacle, n'a éprouvé que des ondulations à faible courbure. En approchant de Cherbourg, la protection due à l'obstacle devient insuffisante et l'on voit naître les complications que j'attribue à l'interférence des mouvements de refoulement ayant débordé l'obstacle par ses deux extrémités.

Si l'on me demandait de préciser davantage la nature et la position du massif résistant, j'avoue que je serais fort embarrassé de répondre ; peut-être, d'ailleurs, ce massif n'est-il pas visible à la surface du sol. En tout cas, c'est en Bretagne qu'on aurait des chances de constater sa présence, et nous ne pouvons, en Normandie, que signaler ses effets. J'ajoute que l'obstacle n'avait sans doute pas la forme simple supposée dans ce qui précède, et qu'il a pu résulter de là des complications spéciales ; mais ces perturbations, très sensibles, autant que je puis en juger, sur les côtes septentrionales de Bretagne et aussi aux environs d'Alençon, se sont atténuées à distance, soit au Nord, soit au Sud : dans le Calvados et la Manche aussi bien que dans le Morbihan.

Pour me résumer en deux mots, sans donner à mes conclusions plus de précision que les faits n'en comportent, je dirai que, d'une manière générale, sous l'influence du noyau breton. dirigé à peu près de l'Est à l'Ouest, les plissements hercyniens N.O-S.E se sont trouvés, d'une part, comprimés les uns contre les autres au Sud de la masse résistante, d'autre part dilatés au Nord de cette même masse. En d'autres termes, l'obstacle, grâce à son immobilité relative, a exercé vers le Sud une sorte de répulsion, et vers le Nord une sorte d'attraction.